［日］主妇之友社 编著

温欣 译

百变物语：
三分钟快手卷发+编发
100例

可愛くなれるヘアのれんしゅうちょう

人民邮电出版社

北 京

CONTENTS

3

仅仅可爱还不够，
女人也想被称赞是
"成熟中带些可爱"

可爱的阶段终将渐渐过去
不用过于刻意掩饰，略带成熟的发型是目前的流行走向
精心设计的发型极具魅力
无意间给人留下惊艳的第一印象

" 选择合适的发型，
女孩子

Update
Your fashion!

Cute♡

More Lovely ♥

不止是服装和美妆，只要在发型上多花费一点功夫，时尚感就会大增！即使你不太熟练，但编发是你只要练习就会不断进步的一件事。本书汇集了超过100种发型设计，让你找到最可爱的自己！

会变得更可爱♥ „

Enjoy the Hair Arrange

用发型设计的
魔法，让365天
每天都变得更美！

只要掌握了发型设计技巧，配合当天的氛围和场合，
你可以选择自己的风格，随心所欲呈现自己理想的形象。
正因为是女孩子，我们必须要享受每一天的美丽。

将一侧的蓬松头发梳上去，用波浪卷散发出些许娇艳的感觉……

>> How to

将卷发仔细地
松散到一侧

想要整体混合卷发造型的
话，用发蜡将卷发精心弄零
散。将头发梳到一侧，用彩
色的发卡别在耳后的位置。

无论什么样的发

现在最时尚的

" 成熟可爱风 "

可爱风已经成为过去，接下来充满自然感觉的蓬松发型是新的潮流！让我们：

具有设计感的帽子搭配披肩散发，

营造出适度轻松自然之感。

>>How to

制造纹理感，
将帽子斜戴

将帽子稍微倾斜，调整一下平衡。用发胶将头发打造成半湿的纹理感发型。

型现在都开始改变！

NO.1 发型就是

起来时尚美丽又恰到好处的蓬松发型，一起掌握被人称赞为"成熟可爱风"的发型吧！

将这里整理蓬松！
将蝴蝶结发夹
稍微别在侧面

将这里整理蓬松！
用手将头发抓蓬松之后留
下一些略带粗糙的感觉

将这里整理蓬松！
留下一些头发营造
自然的感觉

用蝴蝶结发夹打造出成熟的日常发型

手速稍快地整理出蓬松的丸子头，

>> How to

用手抓出
丸子头

把全部头发用手整理出蓬松
感集中在顶部，扎出丸子头。
这种日常的丸子头和甜美的
蝴蝶结是绝妙的搭配。

打造一种有皮毛质感的蓬松卷发

将这里整理蓬松！
将向里倒卷的头发
抓起来吹干

将这里整理蓬松！
在脸部周围留一些碎发
营造小脸的感觉

>> How to

将向里倒卷的头发抓起，
打造蓬松质感

这是一款整体MIX发卷。用发蜡揉搓松散头发，将向里倒卷的头发抓起，打造蓬松质感，在脸部周围留一些碎发就达到了均衡。

定型剂 的 使用方法！

无意中使用了定型剂，却不太明白其中的不同……下面就为你消除疑虑！熟练使用定型剂，掌握发型技巧

❤ 发蜡篇

Point

1 取适中量，如图所示

一次性取太多发蜡的话头发会变得很沉重。需要追加的时候，请少量多次添加。

2 在手掌中间均匀抹开

在发蜡变透明之前，用手指均匀地搅拌在一起。

刘海
用硬蜡

用指尖涂在头发最前面。如果涂满全部头发的话会显得很油腻，这样是不行的！

脸部周围
结合硬蜡和软蜡

用手从头发前面穿到后面，打造这样的效果。在头发凌乱不规整时整理头发。

头发底端和整v体
用软蜡

将头发低端像抓卷发一样用力捏紧，要保持用量。

硬蜡

用在刘海和头发底端的部分最佳。

要注意保持卷发的头发底端和纹理感，以及刘海部分等细节部分的动感。

软蜡

在整理好的头发和编织好的发型基础上加入软腊。

头发整体抹有发蜡的话，头发会变得很容易整理，也可以预防因时间长头发散落的问题。

❤ 喷雾篇

Point

强力喷雾

在发型完成的最后，在头发顶部和尾部喷上强力喷雾。

为了长效保持美丽的发型，在发型完成之后整体喷上喷雾，保持发型。

发蜡喷雾

想要头发保持整体波浪时，喷上发蜡喷雾。

发蜡可以均匀到每一个角落，可以打造轻松自然的感觉。想要打造纹理感时，用手捏住头发喷上喷雾。

抛光喷雾

想要直发发质看起来顺滑，可喷上抛光喷雾。

可以让发质更加有光泽，因为卷发比较容易变形，所以这种喷雾不适合卷发发型。

卷发喷雾

长卷发容易变形时可喷上卷发喷雾。

可以维持卷曲的卷发造型。但是因为头发不容易弄散，所以稍显不日常。

往头发里面喷的话

距离头发大约30厘米，将每束头发弄零散后喷上喷雾。

固定准确的位置的话

将想要固定的头发用手指抓起一小撮，距离头发大约20厘米喷上喷雾。

喷头发整体的话

距离头发大约30厘米，一边转动喷雾一边喷满所有头发。

·HAIR·

首先
请重复练习本章
内容

发型练习

基本篇

基本的技巧是发型设计的基础,让我们先学习一下。

看起来有些难度的发型设计效果中也有基本的技巧运用,只要熟练掌握本篇,就能够掌握多种发型的设计要领。

只要掌握一些小要领,每个人都能做出简单大方的造型。

反复练习、熟练掌握是发型设计技巧提升的捷径!

☑ *Part.1*　混合卷发练习

☑ *Part.2*　鱼骨辫练习

☑ *Part.3*　编股练习

☑ *Part.4*　编结练习

☑ *Part.5*　丸子头练习

Part.1

蓬松自然的感觉打造

混合卷发

内外混合卷的卷发让造型看起来顺其自然，充满空气蓬松感。这款卷发当然要搭配披肩发，不仅要掌握发型的基础，还要进一步温习当下流行的表情哦！

当下最流行的造型

练习

用一种好似凌乱的质感打造
精心打扮后的自然感觉

用充满神韵、饱含空间感的动作
营造成熟的印象

基本的 混合卷发

目前最流行的发型的重点，是卷完头发后将向里倒卷的头发抓起并加入发蜡，将卷发仔细且有型地松散开来！

卷发前须知的

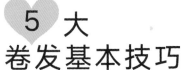

5 大 卷发基本技巧

1. 内侧卷

卷发棒和地板的角度呈45度，卷发棒夹板口向外侧，夹住头发向里卷。给人以可爱的感觉。

完成效果如图所示

2. 反面卷

发棒和地板的角度呈45卷发棒夹板口向内侧，住头发向外卷。这种卷多用于脸部周围。

完成效果所

目标如图所示

1 将发束的中间部分向反面卷

抓起脸部周围的发束，留出头发前面较长的一部分，然后向反面卷。将这个部分反卷会显得靓丽可爱。

2 将发尾向内侧卷一个卷

将剩下的发尾向内侧卷。如果在同一撮头发上卷的话，会有蓬松卷曲的效果。

6 用气囊按摩梳轻轻地将头发倒卷向上梳

用一只手抓住发尾，另一只手用气囊按摩梳轻轻地将头发倒卷向上梳并松散开卷发。用密齿梳梳理也可以达到比较好的效果。

7 紧握刘海并涂抹发蜡

在发蜡变透明之前，均匀地在手掌中间抹开，紧握刘海并涂抹发蜡。

3. 平卷

卷发棒和地板平行，用卷发棒夹住头发卷一圈，这是卷内扣发型的必备技巧。也可用于卷波波头等短发和定型发尾。

完成效果如图所示

4. 纵向卷

通常是卷发棒和地板的角度呈45度，想要卷出大卷时角度呈80度，使用于头发局部。

完成效果如图所示

5. 反尾卷

将图3的平卷多绕几圈头发的卷发发型。为了让发尾保持卷曲度，让卷发棒保持A字形角度较好。

完成效果如图所示

3 将旁边发束的中间部分向内卷

将图2剩下的旁边发束的发尾留出较长一段距离，然后向内卷。少量多次一点点地卷会显得头发轻盈蓬松。

4 将发尾将反面卷一个卷

将剩下的发尾向反面卷。少量多次地卷曲发束，并不断任意重复图1~图4步骤。

5 往你想要的方向吹刘海

一边用手梳刘海一边用吹风机往你想要的方向吹，即使前额有碎发也不会轻易散落很多。

8 将发蜡均匀的涂抹在全部头发上

再次将发蜡抹在手掌中，抓住头发就像让其充满空气一样轻轻软软地抓散并涂抹发蜡。

9 揉搓发尾并涂抹发蜡

用手掌上剩余的发蜡揉搓在发尾上，这样蓬松的卷发就完成了。

用卷发位置和

多种多样的

成熟可爱风的蓬松卷发造型

成熟又性感的
卷发造型

使用直径较粗的卷发棒，同时卷出卷发造型，
常有一丝直发的妩媚，是打造松散质感的关键
此款发型比普通的卷发耗时更短，
还可以演绎完美的流线感！

力度改变气场

混合卷发

如果卷发位置比较高的话要多卷蓬松卷，位置低的话会给人以娴静温和的感觉。结合头发的长短和想要的卷发来选择卷发棒的粗细。

 Side

 Back

1 刘海不需卷曲，用吹风机吹干即可

将刘海轻轻弄湿，手插入发根，一边吹发一边梳理。这样可以让刘海显得蓬松。

2 用纸巾代替发卷夹

用纸巾轻轻卷成圆筒，插入顶发内侧，用吹风机吹数分钟就会使发顶显得蓬松。

3 用卷发棒从发根开始向发尾拉动

用卷发棒从头发发根开始一直拉到发尾，这样可以消除头发本身卷曲的波浪。

4 重新卷一次头发，将发尾全部卷曲

用卷发棒拉全部头发，这次把发尾卷一个圈打下基础，成形即可。

5 脸部周围发束向反面卷

脸部周围的头发保持直发质感，从耳朵上方开始卷发。将卷发棒夹住发束中间，向反面卷曲。

6 再将中间的发束向内卷

卷反面卷时，略微间隔一下此步骤。这个步骤反复进行并卷曲全部头发。

7 手从内侧插入，将发束弄松散

手从内侧插入，手指数次从发束中间开始向发尾梳理，让发卷散开。

8 涂抹软发蜡，制作极细发束感

用手指涂抹发蜡，从细发束中间到发梢涂抹。注意每次涂抹的发束要细，每5~6束涂抹一下。

充满神韵的
整体内卷卷发

在卷发发型中，最容易上手制作的就是
此款内卷卷发。用手和梳子制造蓬松感，
简单上手的卷发也是目前的大热款！

1 从发束中间
向内卷

从锁骨下方位置夹住头发向内卷，
两侧头发较短的人从下巴位置卷
即可。

2 卷发棒向内侧
回转一圈

保持卷住头发的状态，把卷发棒
向内转一圈。转的时候用一只手
轻轻地将发尾拉住。

3 卷住发尾
并向下拉

将卷发棒垂直向下拉动，保持卷
曲。在发尾掉落之前停止即可。

4 转动卷发棒
向上卷

从发尾开始卷到图中所示的位置。
如此一来整体头发会卷出均匀的
波浪。

5 松开卷发棒
夹板口

从锁骨下方往上卷并松开卷发棒
的夹板口，动作稍仔细以防卷曲
松散。

6 内卷完成！

如图所示内卷完成，从发束中间
到发尾卷出了均匀的波浪。

7 后面的头发
用手拉到前面卷

后面的头发也向内卷曲。把头发
往两边分开，按这个状态从发束
中间向发尾卷。

8 用手制造
80%的蓬松感

用手把头发弄松散之后，用发蜡
涂抹并整理发型，发尾部分从下
面开始涂抹。

混合卷发

鱼骨辫

编结

充满空气感的蓬松波波头

跃动波浪卷

这种随风轻微飘动的波波头,让具有跃动感的发尾显得十分轻快。用直发夹板处理短发后面颈部周围的头发,简单又显得美丽大方。

1 直发夹板
外卷短发

将耳朵后面的头发用直发夹板向
外卷一个卷。用小尺寸的夹板比
较容易上手。

2 后颈部的头发
向外卷

后颈部的头发自身比较容易卷曲，
不用卷也可。但是不建议外卷最
外层头发的发尾！

3 卷发棒向下拉动，
重新卷曲

为了提高发尾的卷曲程度，把图
1和图2所剩余的头发再重新卷
曲一次。用32mm的中型卷发
棒卷住发根即可。

4 将发尾向内侧卷
并松散

用卷发棒卷住发尾并向下拉动，
将发尾向内侧卷并松散开来，用
梳子将头发整理蓬松。

5 将头发表面
整体混合卷发

首先从脸部周围向内卷，卷曲的
位置大概从发束中间开始即可。

6 随意从正后方
开始卷

向内卷完头发后，剩余旁边的头
发开始向反面卷，到正后方开始
交叉卷曲，发尾可稍稍带过。

7 把刘海拉到眼前
开始卷曲

如果把刘海向上提卷的话会有些
老土过时的感觉，将发束拉到眼
前然后向内卷。

8 从下开始喷喷雾
使其蓬松

全部卷完之后，用手把头顶的头
发抓起，从下开始喷喷雾。

混合卷发

鱼骨辫

瞬蛙

Part.2 超简单！走在时尚最前沿

鱼骨辫
练习

"只需通过编发就能打造恰如其分的蓬松感
和自然感的超人气发型——鱼骨辫！
掌握发束的拆散方法和正确编发的位置等
这些时尚要素，比周围的她们
往时尚的前沿先行一步吧！"

Side

Back

充满神韵的造型——

基本鱼骨辫

从编好的发束中间拆开一个口并将发尾从外侧穿过去。这是基本的鱼骨辫。
编一个结也是现在最为流行的，充分打造出蓬松舒适感。

1

从手在扎皮筋上方撑开一个口

将头发整理好后松松地扎一个马尾。用两根手指插进皮筋上面的头发，并用手指撑开一个口。

2

从开口部分把发束从上面掏进去

把皮筋扎好的发束一侧的头发钻入用手指撑开的口，这就是最基本的鱼骨辫！

3

把穿过的头发向下拉

把图2穿过的头发垂直紧向下拉，快要松散的时候用发卡卡住皮筋扎住的地方。

4

捆扎的地方用手弄松散

从鱼骨辫扎住的地方抓住发束并抽出，弄松散。如果皮筋扎的太紧就不太容易弄松散。

23

多种多样的鱼骨辫

重复多次编织鱼骨辫会提升整体的自然慵懒之感。通过捆扎使头发饱满蓬松，从任何角度来看都给人以时尚魅力的感觉。

节约时间的编发造型

变形版鱼骨辫

把穿过发束的部分相互错开的话，改变为编辫子一般的造型！连续的鱼骨辫扎得非常紧，保持一整天的造型也不会松开！

1 半扎
鱼骨辫

将耳朵上面的发束扎一半，稍微向右开一个小口把头发穿过去并向右偏。

2 将穿过的发束
用手松散

将图1穿过的头发表面用手指轻轻的揪开并弄散。一边整理一边扎紧皮筋部分。

3 将耳朵下面的
发束穿入

留下后脖颈后面剩余的头发，并用皮筋扎住，靠左撑开一个小口把头发穿过去并靠左偏。

4 最后剩余的头发
也要穿入

把最后剩余的头发在左耳下面用皮筋扎住，然后穿入。打造一种编辫子的效果。

Side　　Back

24

馬尾也能打造的自然慵懒之感

连续鱼骨辫

即使是简单的低马尾，用3层鱼骨辫的技巧也能打造具有立体感的发型。这种鱼骨辫编成的编结适合各种脸型。

1 在皮筋上方撑开一个口

后脑勺、耳周和后颈部等部分总共3次鱼骨辫，用手弄松散留出一些空间。

2 把发束从上穿入

把发束从撑开的口往里穿入，需要注意的重点是弄出饱满蓬松的编结。

3 把发束往左右两边拉

每编成一个鱼骨辫时，就把松缓的皮筋拉紧。从编结处把发束抽出并弄松散。

Side

Back

编结

Part.3 加入亮点，自然慵懒之感大大提升！

编股
练习

> 又能提高整体气质，又能营造
> 慵懒之感……这种无意中散发魅力
> 的编股发型，无论是日常生活还是正
> 式场合，什么样的场合都能闪耀全场！
> 无论头发长短，巧用亮点，
> 希望大家记住这个万能的小技巧。

Side

Back

充满神韵,不易松散!

基本的编股位置

通过编股营造立体感,同时还能隐藏固定头发的发卡。
仅仅在脸部周围和刘海编股的话也别有一番韵味。

1

用手将刘海及周边大致分为
9：1的比例

把头顶的头发和刘海分为9：1的比例。迅速地往一侧拨的话,也能打造一种特别的感觉。

2

从头发多的一侧
沿着脸部周围向下拧成股

从头发多的一侧开始,一边加头发一边沿着脸向下拧成股。比起编结编股更有一些随意感。

3

黑色发卡
固定,别上装饰发卡

一直将头发拧到大概太阳穴的位置,将编股的部分和头皮处的头发用发卡固定,然后在一侧别上装饰发卡。

Side

Back

饱满蓬松的卷发，打造清爽的感觉

半扎编股

想要吸引男性注意话，莫过于
头顶的发束自然的半扎发型 ♥
再加上侧编股的话更是给人以靓丽可爱的印象。

1 头顶的
头发半扎

将发旋周围的头发用手抓起，然后用皮筋扎住。手
指将扎住的头发轻轻拉出，使其稍显蓬松。

2 从耳朵上部的头发
一直拧到发尾

把耳朵上部的发束拉到正后方，从尾部拧紧。

3 将拧好的发束
用皮筋扎住

将发束用发卡固定在图1皮筋的位置，另一侧重复
刚才步骤并用发卡固定。

Side

Back

露出额头，面容照样美丽

皇冠造型
公主风

将刘海和两侧头发拧结到后面，打造
宛如头戴皇冠的公主般的造型！♥
半湿的质感也是现在最为流行的造型！

鱼骨辫

编股

编结

1 将刘海一边卷
一边拧成股

把刘海从中间分开，一边少量地加头发，一边一直
拧到耳朵上方。耳后以外的头发直接拧不用加发。

2 在头后稍高位置
固定发卡

把拧好的发束用发卡固定在头后稍高一点的位置。
另一侧头发也用发卡固定在同一位置。

3 涂抹
定型剂

在事先卷好的卷发上均匀涂抹湿的定型剂。

29

熟练交叉编股

将头发拧成绳结状，然后将两股发束合起来编股就是交叉编股造型。
拧紧之后再弄松散些是这种显得蓬松却很牢固的造型的秘诀！

1 头发分两份向前卷

把头发向两侧分开，把每束头发向前拧，注意要稍微拧紧。

2 拧好的头发交叉拧成股

把两束头发交叉拧成股，一直拧到发尾用皮筋扎紧，用一束头将扎皮筋的地方卷住，隐藏皮筋。

3 拧好的头发用手指抽出

把拧好部分抽出，如果后颈部的头发快松散的话，用隐形发卡固定。

Back

散发知性美

侧编交叉编股

这是一款刘海从一侧散落的发型，宛如安静的邻家少女。通过交叉编股就能打造当下最为流行的轻松、自然的感觉。

1 边加一侧的头发边编股

把一侧的头发分成两束编股，交叉的时候从旁边挑起一股头发一边加一边拧成股。

2 在另一侧耳下扎紧

一直拧到另一侧耳下的位置，扎成一个结。注意扎紧不要让编股松散。

3 夹上蝴蝶结发卡

在扎皮筋的地方斜着戴上一个蝴蝶结发卡将皮筋遮住。并排戴两个小的蝴蝶结会显得甜美可爱。

短发尾也显清爽

交叉编股
侧扎

从右向左看去，外观给人以两种不同的感觉，更添一分可爱。后面过短的发尾也通过交叉编股显得清爽可爱。

Side 　　Back

发卡的使用方法，让完成的发型显得不同

掌握正确的别发卡的方法，只需一个发卡就可以牢牢固定头发不会松散。根据用途掌握使用方法，提高发型设计技巧

基本篇

别紧些

一直别到卡子的最顶端固定发束。这样一来发束既整齐又显得清爽。

1 用手指轻轻地撑开发卡

用大拇指和食指轻轻地撑开发卡，轻轻撑开一点即可。

2 把发卡别在想固定的位置

把发卡长的一侧别在头皮一侧。别得紧些，让头皮感觉到发卡。

3 中间部分稍微蓬起来些

把发卡别在中间，然后将头皮一侧的头发稍微弄蓬松，一直别到里面即可。

隐藏发卡

此图是在发束内侧牢固固定发卡的状态，只需一个就能完美的固定。

1 把固定的发束紧紧拧住

隐藏发卡时，必须让发束具有立体感。如图所示将头发拧成股。

2 从下面斜着别上发卡

从下往上别发卡，如果横着别入的话中间会有缝隙，小心滑落。

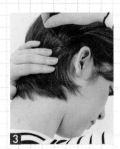

3 把发卡转半圈固定

把发卡先别一半，如图所示把发束转半圈，然后一直往里别入发卡。

应用篇

隐藏皮筋的
固定发束方法

若隐藏皮筋的话，有个小技巧就是把一缕发尾卷一圈，然后用发卡固定。

1

抽出
一缕头发

把头发用皮筋扎住出，从扎好的头发中抽出少量头发。

2

沿皮筋外沿
缠一圈

把抽出的头发沿着皮筋外沿卷一圈，卷紧些显得利落清爽。

3

在发束中间
别上发卡

抓住卷好的发束的发尾，然后在发束中间别上发卡。

4

把发卡
往里推

与扎好的位置呈直角往里推。如果固定不了可以使用2~3根发卡。

固定后脑勺头发

头发扎高时候，后脑勺会散落一些头发，用发卡竖着别上，这样既隐形又清爽。

扎蓬松丸子头

丸子头的关键是具有蓬松的空气感，为了让发束固定推荐使用U形发卡。

1

发卡竖着
从下往上别入

把发卡从下往上竖着拿，顺着头发的走向别入。

2

把发卡
别入头发

沿着头发使劲上发卡就可以将发卡隐藏在头发里。

1

把发束用U形发卡
挑起

把想要固定的发束用U形发卡挑起，在捆扎的地方垂直插入发卡。

2

别入
发卡

对着头发的底部最中心使劲插入发卡。这样既能隐形发卡，也能保持饱满蓬松的感觉。

外侧编发、内侧编发和松散方法,等等,

仅仅是稍微改变一下编发的方法,整体造型

也会有很 大的变化。这就是编发的魅力所在。

根据自己想要的造型改变编发方法,

发型设计的种类也会变得丰富多彩。

保持自身品位,

紧跟时尚潮流

内侧编发

♥与头发的贴合度非常高,外表看起来纤长美丽

♥编好的头发向内侧弯折时也无影响

♥想要清爽大方的造型推荐此款发型

Part.4

熟记种类,分开使用!

编发练习

蓬松但有序的发丝造型，
打造恰到好处的轻松感

内侧编发

♥头发表面具有立体感，营造多卷蓬松的感觉

♥编好的头发外侧有弯折也无妨

♥想要体现高贵典雅的感觉时推荐此款发型

想要营造些许古典气质时，
推荐鱼骨辫！

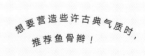

鱼骨辫

♥正如其名像鱼骨一样，编织的织眼极具个性

♥松散编好的头发也给人以简单轻松的感觉

♥造型简单，但变化多样的一款发型

速成外侧编发

感觉操作起来有些困难的人，一边加头发一边编三股辫。少量逐步加头发是让发型看起来美丽大方的小技巧。

1 抽出一缕头发作为基础

抽出一缕头发，以该发束的宽度作为整个编发的基础，然后抽出自己想要的发量。

2 将发束分为三等份开始编

将抽出的发束分为三等份，然后从靠近脸周围的头发开始编，把发束放到中间的头发上面交叉编。

6 把上一步重合的头发与中间的发束交叉

把上一步重合的头发整理好之后，从中间发束的上面开始交叉。用编三股辫的方法编即可。

从这里拿头发

7 从靠近后颈部一侧的发束再拿一缕头发

这次从靠近后颈部的发束拿一缕新的头发。用一只手拿三束头发比较容易操作。

3 把后面的头发 往中间交叉

这次编靠近后颈部的发束。与图2步骤相同，把发束放到中间的头发上面交叉编。

从这里拿头发

4 从离脸周围的发束跟前 再拿一缕头发

从脸周围的发束跟前再拿一缕新的头发，分为三等份，与一束发束差不多相同。

拿起的头发

与这里重合

5 拿的头发 与脸周围发束编合

把拿着的头发与脸周围的发束编到一起，小心重叠的时候不要弄乱头发。

拿起的头发

与这里重合

8 拿着的头发 与后颈部的发束重合

把上一步拿着的头发与靠近后颈部的发束重合。这里也要注意小心弄乱头发。

9 把上一步重合的头发 与中间的发束交叉

把上一步重叠的头发整理好之后，从中间发束的上面开始交叉。到此编织的第一阶段就完成了。

10 重复图4~图9 的步骤

完成图9之后，接下来回到图4的步骤并重复，一直编到发尾。

用松散辫子打造舒适轻松感

松散编发

想要打造成熟又从容的感觉，宽松松散的辫子是
关键。事先在头顶拧成股并固定好，修饰出的高度
也可以营造小脸的效果。♡

1 头顶拧成股
并用发卡固定

抓住头顶的头发，拧成股拧到后脑
勺用发卡固定，即使时间长头发也
不会散乱，会保持饱满蓬松的感觉。

2 编好全部
头发

从头顶开始粗略地编好头发，编到
后颈部头发的时候，把发尾编成三
股辫。

3 扎皮筋之前
将辫子拉松

用一只手抓住发尾，另一只手从辫
子中抽出一些头发弄松。发尾留
的长一些，并戴上装饰发卡。

Side　　Back

淑女侧编发

将头发自然地松散开来，传统的编发也能打造极具自然轻松的感觉。恰似无意地将后脖颈裸露出一些，实际上是精心设计过的充满魅力的发型。♡

1 把拨到一侧的头发粗略地编好

把头发拨到一侧，留下脸周围的头发，然后从头顶开始编发，一直编到耳下。

2 在耳下周围用皮筋扎个"丸子"

编到耳下之后挽一个环，然后用皮筋扎住。把编好的头发和扎好"丸子"部位的头发稍微抽出一些。

3 将脸周围的头发卷好斜放

丸子头的发尾要沿着后脖颈，脸周围的头发沿着后面的方向卷，然后将其斜着放下，这样给人以妩媚性感的感觉。

Back

熟练内侧编发

将发束交叉时，从下面穿入是里层编发的关键技巧。在脸周围花一些小心思，即使不戴饰品也能打造靓丽的面容。

1 抽出一缕头发
作为基础

取出的发量与表层编发的发型基本相同。因为编好后很有立体感，所以抽出的头发比起表层编发稍微少一些会显得更好看。

2 发束分为三等份
开始编

与表层编发基本相同，把抽出的发束分为三等份，然后从靠近脸周围的头发开始编，把发束放到中间的头发下面交叉编。

6 把上一步重合的头发
与中间的发束交叉

把上一步重合的头发整理好之后，从中间发束的下面开始交叉。用编三股辫的方法编即可。

从这里拿头发

7 从靠近后颈部一侧的发束
再拿一缕头发

这次从靠近后颈部的发束拿一缕新的头发。用手指把拿住的头发整理好。

3 把后面的头发往中间交叉

这次编靠近后颈部的发束。与图2步骤相同，把发束放到中间的头发上面交叉编。

从这里拿头发

4 从脸周围的发束跟前再拿一缕头发

从脸周围的发束跟前再拿一缕新的头发，分为三等份，与一束发束差不多相同。

拿起的头发

与这里重合

5 拿起的头发与脸周围发束编合

把拿着的头发与脸周围的发束编到一起，用手指顺一下头发可抚平毛躁。

拿起的头发

8 拿着的头发与后颈部的发束重合

把上一步拿着的头发与靠近后颈部的发束重合。这里也要注意小心弄乱头发。

9 把上一步重合的头发与中间的发束交叉

把上一步重叠的头发整理好之后，从中间发束的下面开始交叉。到此里层编发的第一阶段就完成了。

10 重复图4~图9的步骤

完成图9之后，接下来回到图4的步骤并重复，一直编到发尾。

双边内侧
发带编盘发

把头发编成一圈，好似戴上发带。这种简单高雅的
发型目前也是极具人气。♡把刘海的发量稍减一
些营造通透感，极具时尚感！

1 把两侧
编成内侧

把头发大致向左右两侧分为两半，
连着刘海表面的头发一起分别向两
侧里面编。

2 从后脖颈开始
编三股辫

一直编到后脖颈的位置，如果没有
可以继续加的头发，就开始编三股
辫一直编到发尾，然后用小的透明
皮筋扎住。

3 把三股辫
卷成团固定

把上一步编好的三股辫在后脖颈处
卷成团，用发卡固定，从辫子抽出
一些头发弄松散些。

Side

Back

42

变化版的发型设计之
半荷兰辫

Half Dutch Braid

💗与外侧编发和内侧编发相比更简单。
💗乍一看有种类似三股辫的感觉。
💗想要编脸周围头发和刘海时适用。

1

抽出一缕头发
作为基础

取出的发量与外侧编发，和内侧编发基本相同。因为此款发型是所有编发中编出来最细的，所以稍微拿的宽一些。

2

发束分为三等份
开始编

与表层编发基本相同，把抽出的发束分为三等份，然后在靠近脸周围的头发开始编，把发束放到中间的头发上面交叉编。

3

把后面的头发
往中间交叉

这次编靠近后颈部的发束。与图2步骤相同，把发束放到中间的头发上面交叉编。

4

再重复一次
三股辫

外侧和内侧编发时是从此步骤开始编，而半荷兰辫需要再一次重复编三股辫。

5

编好第二阶段的三股辫
后基础编发即完成

将靠近后脖颈的发束再编一次，那么基础就算完成了。因为侧编发容易散开，所以基础编发需要编两次。

从这里拿头发

6

从靠近脸周围一侧的
发束再拿一缕头发

从靠近脸周围的发束再拿一缕新的头发，分为三等分后的发束与一束发束差不多相同。

拿起的头发
与这里重合

7

拿的头发与脸周围
发束编合

把拿着的头发与脸周围的发束编到一起，与表层编发和里层编发相同，把发束整理好。

8

把上一步重合的头发
与中间的发束交叉

把上一步重合的头发整理好之后，从中间发束的上面开始交叉。用三股辫的方法编即可。

9

把后脑勺一侧的发束
与中间的发束交叉

把后脑勺一侧的头发，从中间发束的上面开始交叉。到此，侧编发的第一阶段就完成了。

10

重复图6~图9
的步骤

完成图9之后，接下来回到图6的步骤并重复，一直编到发尾。

简单上手，打造个性！

变化版鱼骨辫

简单上手却颇具时尚感的鱼骨辫。比起编发更简单，
让我们挑战一下吧！

1 从最外侧开始拿一缕细的头发

把头发拨到一侧，分为两束。然后从一侧的发束外面拿一缕细的头发。

2 把图1的头发与相反侧的发束整合在一起

把图1的头发拿到两个发束的中间，然后与相反侧的发束整合在一起。另一侧也是同样的编法。

3 一直编到发尾

重复图1和图2的步骤一直编到发尾用皮筋扎住。用手指把辫子稍微松散些，然后戴上蝴蝶结。

Side

用醒目的辫子充分发挥个性

复古典雅的鱼骨辫

将编好的细长的鱼骨辫的辫子中
任意抽出一些头发，打造复古典雅的感觉，
高扬的刘海也很有气氛。

成熟带有青春少女的感觉

双马尾鱼骨辫

普通的双马尾辫子容易给人太孩子气的感觉，
但如果编成鱼骨辫的话，就显得可爱中带些成熟。
大胆的将编好的头发松散开，也能保持
轻松自然的感觉。

Side　　　Back

1 把一侧的头发
拿两束

把头发分为左右两边之后，把
耳朵上的头发分为两份，作为
鱼骨辫的基础。

2 抓起脸旁下面
的头发

抓起分好的两份头发下面的发束，
从图1脸旁的发束上方交叉，与
最里面的发束重合。

3 抓起最里面下面
的发束

这次抓起最里面发束的下面的头
发，从图2的发束上方交叉，然
后与图1脸旁剩下的头发重合。

4 重复图2和图3步骤
一直编到发尾

如果头发编完的话就完成了普通
的鱼骨辫。在扎皮筋之前把发束
弄松散些。

Part.5

编发的位置和发量可以改变印象！

丸子头
练习

> 掌握了扎头的方法、发量感以及编发的位置等手法之后，还可以轻松尝试种类变化丰富的丸子头。搭配自己想要的风格，选择丸子头的大小和松散度，让我们一起练习三种类型的丸子头吧！

Side

Back

最易打造的造型

简单版丸子头

用扎马尾辫的方法把头发卷成"丸子"形。因为只需要一个皮筋，
初学者的话首先从这个造型开始练习。

1

像扎马尾辫一样
把头发卷成"丸子"形

用手把头发整理的高一些，留下发尾，然
后用皮筋扎住。从扎好的 丸子头中再抽
出一些发束，把发尾松散开。

2

从头顶抽出一些头发
弄蓬松

丸子头的部分扎上一个皮筋，从头顶均匀
的抽出一些发束，这样蓬松感就出来了。

3

把刘海的卷
整理松散

用直板夹把刘海往内卷一下，把卷拆开弄
得松散一些。

多卷宽松的发型

速成版编股丸子头

1 把发束分为两份，将其中一份拧成股

扎一个高马尾，把发束分为两份，然后将其中一束从根部一直紧紧地拧到发尾。

2 把拧好的发束卷在一起

以图1没有拧的头发作为轴，然后将拧好的发束一直从根部卷到发尾，用发卡固定。

3 把另外一束头发卷成圈

把剩下的一束头发也紧紧地拧成股，然后沿着图2发束的外侧卷成圈，把发束表面轻轻地拽松散些。

4 用发卡固定

拧完全部的头发之后，用发卡把发尾固定，调整平衡并用发卡固定不牢固的地方。

Side　　Back

技巧在于先扎马尾，然后将发束拧成股并卷好。接下来将练习更具立体感和颇具发量的丸子头。

1 扎好马尾，将头发逆着梳起。

在正中央扎好丸子头（下巴和耳下交接的延长线上），用梳子将头发逆着梳起。

2 顺时针卷成丸子头

注意不要松散，然后扎成丸子头，把耳后的碎发留下即可。

3 稍微留一些发尾，用发卡固定

用发卡把卷好的发尾固定，留出一些发尾的碎发，弄得松散一些会别有韵味。

Side Back

熟练三股辫丸子头

Side Back

Like a Good Girl

编成三股辫之后卷成丸子头。卷出整体感之后就会有成熟的感觉。
稍微扎的低一点的位置最佳。

1 用手把头发
抓蓬松

用双手把头顶的头发抓蓬松。为了不显得乱糟糟
的适度即可。

2 把全部头发在后脖颈处
编成三股辫

稍留一些鬓角的头发，然后整体编成三股辫，需
要将头发根部稍微松散一些编再发。

3 将三股辫抽出
并弄松散

把编好的三股辫用皮筋扎好，把每一处的头发用
手指向外轻轻抽出，并弄松散。

4 把三股辫
卷成丸子头

用手指把根部按住，以此为轴把发束卷成丸子
头。卷到发尾稍微卷得紧一些。

5 在发尾插入发卡。
丸子头完成

用发卡把发尾固定，把不太固定的部分也别上发
卡。然后用手指把耳上的发束轻轻抽出。

稍具夸张的豪华版卷发

通过分层卷成细卷，比起普通的混合卷发更具蓬松的立体感。比起他人更加瞩目，更显气质。♥

1

把全部头发分为三层

用鸭嘴夹分别把头顶、中间的头发分开，然后从后颈部的头发开始卷。

2

把跟前的头发向反面卷

用直径约36mm的卷发棒，稍微留一下后颈部的头发和发尾，然后从根部开始向反面卷。

3

把旁边的头发向外卷

把反面卷过的头发与向内卷的头发相互交叉卷。中间和头顶的发束也同样如此。

4

把头顶表面的头发向外卷

把头顶表面的头发向上提然后往后卷。最后涂抹发蜡，整理卷发。

·HAIR·

一起学习多种发型！

发型练习

应用篇

学习了发型设计的基本之后，这次将挑战应用篇！学习了精心设计的发型和基本技巧之后，

肯定可以掌握本篇内容。本篇内容包括从日常生活到社交聚会等简单可爱的发型。

熟记变美窍门，从今天开始你也可以熟练的掌握发型设计♥

各种风格都适合的百搭发型

☑ *Part.1* 简单可爱的**马尾辫**

每天都要保持可爱，利用服装场合改变发型

☑ *Part.2* 不同场合**每日发型设计**

上街不显浮夸，恰到好处的紧跟发型流行趋势

☑ *Part.3* **头饰&帽子**×时尚发型的关键

特殊的那天，比平时更加华丽

☑ *Part.4* 自己也可以完成的**美丽考究的发型**

各种风格都适合的百搭发型

简单可爱的
马尾辫

扎高显得美丽

把头顶抓得松散些

> 简单的马尾辫加入一点小技巧
> 就能变为美丽时尚的发型。利用发量
> 和头发的动感调味自己的可爱。
> 接下来将详细讲解，请你参考。♥

事先卷好头发

Point

留下脸周围的头发，把马尾扎在下巴和耳上交叉的延长线再稍微往上一点的位置。把头顶的头发抓得蓬松一些。

绝对吸引男性的目光

高马尾

扎的不要过于紧密，保留一些松散感是当下流行的趋势。其中的小秘诀是留出一些缝隙感，把全部头发卷得蓬松些，用手整理松散，打造轻松自然之感。

鱼骨辫混合
侧扎发

侧扎马尾给人青春活泼的印象，再加上鱼骨辫营造成熟的感觉。把根部扎紧，发尾整理蓬松，也可以营造小脸的效果。♥

头顶的头发自然的蓬松饱满

扎低一点显得成熟

从正面看显得靓丽可爱

1 在后脑勺处
编反向的鱼骨辫

把后脑勺部分的头发用手大致拨向两侧，然后在耳周围扎好。然后把发束从下往上编成鱼骨辫。

2 少量抽出
拧好部分的头发

一边抓住扎好的部分以防松散，然后抓住编好部分的头发，并拆松散。

3 在耳旁稍高一点
的地方扎住

把上一步剩下的头发合起来扎住，然后用一束头发把扎皮筋的地方卷住，隐藏。最后把头发逆着梳起增加发量感。

Point

先把后脑勺部分的头发扎成鱼骨辫，然后头顶自然制造出蓬松的发量感。

背影也能展示自我

鱼骨辫混合
低马尾

后面的头发扎上鱼骨辫，从背影看
也十分的可爱。扎的位置稍微低一点，
营造文静淑女的感觉。

头部造型
显得美丽

落下的头发
不用在意
顺其自然

1 后脑勺部分的
头发编成鱼骨辫

把后脑勺部分的头发用透明皮
筋扎好，然后在扎好的地方撑
开一个小口，把发束从上面穿
过。

2 把发束往左右
两边拉

把发束穿好之后，然后往左右
两边拉，并把皮筋往上提。通
过这点小工夫，可以使整体造
型变得美丽。

3 剩下的头发
编成鱼骨辫

把图1步骤的发束和剩下的头
发都集中在后脖颈的位置，用
皮筋扎住，然后用相同的方法
编成鱼骨辫。

4 抽出一些发束
并弄松散

把编好的头发从头顶开始抽出
一些发束并弄蓬松，最后别上
蝴蝶结发卡。

Point

通过两层鱼骨辫，打
造脑后部的立体感，
头部的造型也显得美
丽，营造侧颜美人的
效果。

松散感也能搭配出巧妙的可爱

头顶蓬松的马尾辫

如果是波波头的话,为了让其看起来不像是垂髻,
在头顶制造出发量感,整体显得很匀称又可爱。
用整体大的造型打造简单时尚的发型。

把头发逆着梳起,
增加发量感

整体大的造型
是重点

1 从中间把头顶的
头发逆着梳起

为了使头后部显得饱满蓬松,
在扎之前把头发逆着梳起,推
荐使用气垫梳。

2 在耳朵稍上的
部位扎住

用手大致整理一下,然后扎的
不要太高。耳朵稍上的部位最
佳。

3 扎上
蝴蝶结

在扎的部位别上蝴蝶结,斜着
别上更好看!

Point

利用蓬松饱满的发顶
和整体大的造型,即
使是长发波波头也显
得匀称。

360° 全方位的可爱

侧扎内侧编
马尾辫

立体感的辫子显得十分可爱,再加上内侧编发,即使不搭配任何装饰也显得靓丽又独特的发型。把编发弄得松散一些,给人以干练成熟的感觉。

立体感的辫子显得
时尚美丽

脸周围显得清爽
不松散

松散的地方用喷雾固定

Point

完成后以编好的头发为中心,喷上定型喷雾。自然卷和直发的人都能长久保持蓬松的质感。

1 留下耳前的头发,
剩下的扎成马尾

把耳前的头发分开并留下,然后把剩下的头发用手整理好扎在正中间。

2 把耳前的头发
向里编

然后把两侧剩下的头发向里编,编到耳上的位置,剩下的编成三股辫直到发尾。

3 抽出一些头发
弄松散

用一只手抓住发尾,然后另一只手从辫子抽出一些头发弄松散。最后发尾用皮筋扎住。

4 编好的头发从
根部缠绕

把两侧编好的发束分别绕着马尾辫的根部缠绕好,发尾用发卡固定。

充满女人味的
发带马尾

利用当下流行的发带，打造恋爱妆容。
撩起刘海露出清爽的额头。然后留下两侧的发束，
打造轻松自然的感觉。

留下脸周围的头发修饰小脸

利用发带让时尚感满满

所有马尾部分都烫卷

1 系上发带留出
两鬓头发

把刘海全部撩上去的话有一种洗脸
中的感觉，然后从发带下面稍微抽
出一些发束制造时尚感。

2 把刘海和头顶的
头发逆着梳起

把发带后面的刘海发尾和头顶的头
发合在一起逆着梳起。

3 整理头发
用皮筋扎起

把头发在耳部稍上的位置用手整理
好，用皮筋扎紧。然后用一束头发
卷住皮筋部位使其隐藏。

4 用卷发棒
卷脸周围头发

把图1剩下的头发用卷发棒向外卷。
内卷显得可爱，外卷显得靓丽。

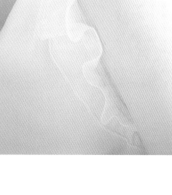

Point
脸周围剩下的两鬓的头发
可以掩饰脸型。打造小脸
的效果。

想要玩闹的日子里

元气满满的
马尾辫

决心尝试露出额头的话，也能展示特别的感觉，
表情也变得明朗可爱。把刘海梳得显得鼓鼓的，
既不过于孩子气，也显得张弛有度。

把头发大致整理到一起

将刘海梳成鼓包并弄斜显得

1 把刘海按9:1
的比例分开

如果觉得刘海浮起比较介意的话，
可以事先涂抹些软性发蜡。

2 把多一侧的刘海
拧成股

把多的一侧头发向后大致拧成股，
然后从后向前别上发卡。

3 从股起的刘海抽出
一些发束

一边用手按住别卡子的部位，然后
从股起的刘海抽出一些发束。就像
鼓起两座小山丘一样分成两边。

4 把剩下的头发
扎成马尾

把剩下的头发大致整理好扎成马尾，
然后扎皮筋的地方用发束卷住隐藏。

Point

把刘海鼓起的包斜着梳理，
这样给人以成熟的印象。
刘海鼓起也能营造小脸的
效果。

厚刘海打造浓密卷发

刘海拧股
马尾

把刘海按9∶1的比例分开，
装扮好学生般的厚斜刘海。把刘海拧成股
也可以巧妙地突出重点。

斜刘海
尽显品位

逆着梳起的头发尽显
自然的感觉

Point

稍微扎高显得靓丽可
爱。扎好的头发用梳
子逆着梳起，制造发
量感。

头顶稍微抽高一些......

两侧鬓角
刘海马尾

把两侧扎紧，仔细整理好的马尾辫，
脸周围两侧鬓角留下较多刘海显得休闲大方。
并且扎高显得活泼可爱。

脸周围鬓角留一些头发

Point

脸周围留下的发束是
简单马尾的亮点所在。
也能很好地掩饰脸部
曲线。

扎辫子的位置也能改变印象**的小技巧**

同样是马尾辫，扎辫子位置的不同也能改变印象。掌握了这个技巧也能够多掌握几款发型。

扎高的话……

打造充满元气，
很日常的感觉

扎在头顶的话给人以可爱活泼的印象。事先把头发卷好是关键。打造出充满神韵的感觉，也能避免太过孩子气。

扎低的话……

打造文静成熟
的感觉

扎在靠近后脖颈稍低一点的位置，营造文静的感觉。把头顶的头发逆着梳起使其蓬松，是看起来靓丽可爱的秘诀所在。

Point
后脖颈部分的头发松散的话给人以邋遢散漫的感觉。一边把头发往上捋，一边整理整齐。

Point
扎头发时把耳朵隐藏一半是关键。不要太用力打造蓬松的感觉，给人以成熟自然之感即可。

*Part.*2

每天都要保持可爱，根据服装场合改变发型

不同场合每日发型设计

> 就像每天换衣服一样，每天也期待着自己搭配的发型！本章选取根据不同场合每天都会用到的、最流行的发型。搭配当天的服装和场合，一起期待发型的魅力吧。♥ "

Side

Back

Side   Back

01 充满女性魅力的每一天

看似健康活泼其实也充满妖媚的感觉。♥松散的发型也是现在最为流行的趋势，也是必选的一款发型。搭配后提升自然感，也是大热的发型。

典雅的半丸子头

蓬松的质感打造当下最为流行的轻松自然的感觉。头顶蓬松饱满，脸周围清爽干净，既不显得孩子气，也能保持清爽潇洒的感觉。

1 把后脑勺上部的头发抓一半

把全部头发整理好，然后逆着梳起。然后把两侧的头发分别抓到后脑勺。

2 轻轻地拧好用卡子固定

把上一步的发束拧好用发卡固定。逆着梳起并拧好看一些。

3 整合发束卷成丸子头

把两侧的发束的发尾整合后，向上卷成丸子状，并用发卡固定。

蓬松饱满的马尾辫

充满空气感的蓬松质感显得非常时尚美丽！快速整理好的松散马尾辫，绝对能吸引男性的目光♥

1 扎马尾，隐藏皮筋

用手在正中央扎好马尾，用一撮发束卷住扎皮筋的部分，并用发卡固定。

2 抽出发束，弄松散

抽出头顶的发束，两侧弄的松散一些遮住一半耳朵，成熟感也倍增。

3 全部头发用手逆着梳起

用一只手抓住马尾的发尾，另一只手逆着梳起。比起用梳子，更能制造蓬松的感觉。

手抓的松散感也很可爱

蓬松半扎头

卷好头发之后，仔细松散好发束是蓬松质感
的关键所在。想要保持女人般妩媚的光泽感的话，
请抹上护发精油。

Side

Back

1 把后脑勺上面的头发
向后拧股

把刘海整理成中分，然后把后脑勺上面的头发在正后
方扎好。然后从根部开始拧股拧3-4次。

2 拧好用
发卡固定

拧好发束之后，稍微用手抽出一些并用发卡固定。从
发尾往上别上发卡。

3 把头顶的发束
轻轻抽出

要让刘海缝隙稍微凹进去一点的话，用手指抓住头顶
头发并抽出，制造蓬松感。

Side

Back

三股辫佩帽

醒目的帽子搭配三股辫也非常的休闲日常。
戴上帽子后把一侧的头发抽出，制造出蓬松感
是保持自然时尚感的关键。

1 在内侧把头发逆着
梳起编成三股辫

轻轻地把头发卷好之后，
把内侧的整体头发逆梳
起之后编成三股辫。发尾
要留的长一些。

2 把辫子的边缘
轻轻地抽出

编好三股辫之后，用手指
把外缘抽出，按从根部到
发尾的顺序。

张弛有度是关键

蓬松马尾辫

脸周围和后脖颈处的头发扎紧，其余发束蓬松饱满，
这种张弛有度的简单发型也显得清秀雅致。这种精心
整理的清爽马尾给每个人都会留下好印象♥

Front

Back

1 用手整理好
整体头发

把刘海中分之后，用手整
理到一起。两侧和后脖颈
部分扎紧。

2 扎好的马尾
逆着梳起

把扎好的马尾发束，从发
尾到中间的方向用手指逆
着梳起，制造空气感。

1 把全部头发按1:2:2
的比例分开

从左开始按1:1:2的比例把发束分
好，中间的发束用鸭嘴夹夹紧。

2 把左右两边的头发
扎到一起

把右边的头发往左拉，与左边的发
束整合成扎成一个。

3 扎好的头发编成
鱼骨辫

把上一步扎好的头发，在皮筋上方
开一个小口，然后把发尾从上穿过。
把穿过的发尾往左边拉。

4 头顶的头发
稍微拉出

一只手按住皮筋的位置，另一只手
把头顶的发束稍微抽出，打造发量
感。

Side   Back

甜美蓬松的侧面轮廓强调出发尾，尽显女性魅力

1 把一侧的头发拧好
别在耳后

把一侧的头发拧好别在耳后，并用
发卡固定。鬓角的头发多留一些。

2 后脖颈的发束
用皮筋扎住

相比两侧的头发稍微短一点的位置
扎住发尾，推荐用透明皮筋较好。

3 扎好的发束
向里卷

把上一步扎好的发束往内侧弯折，
用发卡固定。与两侧的头发相融合，
整理好表面的头发。

Side　　Back

Front　Back

低马尾营造满满的

学生气质

1 留下左右两边的
头发，扎住中间

留下左右两边耳上的头发，然后把
剩下的头发在后脖颈处扎住。稍微
扎的紧一些。

2 剩余两侧的头发
交叉编

分别把左右两边的头发交叉编辫。
把发束别在耳后，然后从根部编到
发尾。

3 皮筋部位
用发束卷住

用上一步编好的头发把皮筋部位卷
住，并用发卡固定。反侧相同。

头顶保持自然，
营造日常休闲的感觉

1 太阳穴部位的
发束拧股

把太阳穴部位的发束拧成股，然后
再耳后用发卡固定。发卡插在拧股
的中间这样不易松散。

2 把拧好的股
拆蓬松

一边按住发卡固定的位置，然后一
边捏的蓬松一些。另一侧相同步骤。

3 整体头发揉开
并涂抹发蜡

把整体头发揉开使其充满空气感，
混合上纤维造型发蜡，这样易于整
理。

搭配蓬松的质感，
大人专属的三股辫

1 两侧的头发
拧好固定

把脸周围的发束整理到后脑勺中央，
然后拧成股拧2~3次并用发卡固定。

2 拨到一侧编
三股辫

把全部头发拨到一侧，从耳下开始
编三股辫，不要编的太紧，稍微松
散一些。

3 发尾用发卡
取代皮筋

编到发尾之后，从编好的发束中抽
出一缕细的头发卷好发尾并也用发
卡固定。

Front　　Back

72

恰到好处的美丽，发饰风格发型

1 戴上发饰

为了保证均衡，事前戴上发饰，脸周围的头发稍微留的多一些。

2 头顶的头发逆着梳起

想要从前面看起来比较高的话，头顶的头发粗略的用手逆着梳起。

3 头顶的头发向后拧股用发卡固定

把上一步的头发轻轻的拧成股扎成一半，并用发卡固定。使发顶显得蓬松饱满一些。

4 脸周围的头发一半固定在脑后

把脸周围两侧的头发分一半，轻轻拧成股，然后再扎好的头发下面用发卡固定。

Side

Back

高雅女人的每一天

每个人都好感度倍增，精心打扮的发型，在庄重的场合也适用。随时散发的自然的感觉也是当下最为流行的！

颇具高雅纯洁

可爱的半扎头

这种半扎头使脸周围曲线清晰可见，
较成熟的人参加仪式或典礼时也适用。
三股辫搭配编结更添魅力。

1 头顶头发半扎

把全部头发卷好之后，头顶的头发弄蓬松后半扎。

2 把半扎的头编鱼骨辫

从皮筋上方的头发开一个口，把发束从上面穿过。半扎鱼骨辫就完成了。

3 把左右的发束编成三股辫

把半扎头正下方的头发多拿一些，从根部开始编结，剩下的编成三股辫。

4 固定三股辫的发尾

若想隐藏扎皮筋的地方，把编好的三股辫拉向反侧，在耳后用发卡固定。

Side　　Back

清爽的脸周围显得干净大方

侧扎拧股

脸周围不留发束，取而代之拧成股也是当下最为流行的发型。将头发拨向一侧，无论在哪都尽显女性魅力。

Back

恰当的蓬松感摆脱保守

淑女半扎头

半扎头容易显得太严肃，但搭配拧股又打造出别样的自然轻松的感觉。即使不佩戴装饰，也尽显简单高雅。

1 把一侧的头发拧成股

把全部头发拨向一侧，一边往另一侧耳后的发束中加入后脖颈部分的头发，一边拧成股。

2 用手指抽出一些头发

一直拧到另一侧的耳后，然后整理好。把拧好的部分轻轻抽出一些发束。

3 整理好的头发扎好

在耳后把头发用皮筋扎好。扎紧一些以防后脖颈的碎发露出。

拧股的发束取少量显得高雅美丽

鬓角上面的头发少取一些拧成股，一直拧到发尾后，在后脑勺处别上发卡。反侧相同，用发卡固定。

Side　　Back

分为两层，
灿烂美丽的风格完成♥

1 左侧的头发
拧好固定

首先把一侧的头发向后拧，在后脑勺的部位用发卡固定。

2 右边同样
拧好固定

把右侧同样拧好后，与上一步拧好的头发重合，并用发卡固定。把发束往左靠。

3 剩下的头发
往左拨

把后脖颈的头发往左拨并拧成股，用发卡固定。将头发轻轻松散开。

4 从头顶抽出
一些发束

戴上发带之后，按住别发卡的地方，抓住发顶并抽出一些发束。

Side　Back

头顶弄的蓬松，凸显女性魅力

1 头顶的发束
拧紧

把刘海和头顶的发束整合在一起，然后往上拉，从根部开始拧紧。

2 拧好的头发
卷成丸子

把上一步拧好的头发卷好，卷成丸子状，用几根发卡固定。

3 刘海制造出
立体感

离丸子头稍微前面一点别上发带，用梳子柄抽出一些刘海的头发。

1 留出耳前的
头发

首先把耳前的头发留出。沿着脸
部曲线的发束可以显得面容干净
清爽。

2 拿两束
头顶的发束

拿头顶的内束头发，不要拿太多
分成两束交叉一次。交叉后再拿
下面的一束头发。

3 添加头发
并交叉

把拿起的头发再添加一束发束并
交叉。少量取发显得高雅大方。
重复此步骤。

4 抽出发束
弄松散

在耳后交叉好之后，用发卡固定。
抽出一些发束使其蓬松，反侧相
同。

Side　　Back

保持甜美的鱼骨双马尾，不显孩子气

1 头发分两半在
耳下扎好

将头发大致分为两半，扎成双马尾，
然后用细皮筋在耳下松松的扎住。

2 扎好的发束
编鱼骨辫

从扎好的部位上方开一个小口，然
后将发束从上面穿过。然后将发尾
往左右拉固定皮筋。反侧相同。

3 将辫子
大致松散

把编好的部分抽出一些头发，制造
蓬松感。然后在耳上别上装饰发卡。

Side   Back

79

Side　Back

1 戴上发带

把全部头发卷成MIX卷之后，在脸周围多留一些头发，然后带一个宽一些的发带。

2 抓住发尾涂抹
发蜡

在手心涂一些纤维状发蜡，使发蜡充分延展抓住头发使其充满动感。

轻松随意又显干练简洁，
蓬松饱满的半扎头

1 将后脑勺的
头发编辫

把头发全部卷好后，抓起后脑勺的
头发，编两到三次粗一些的外侧编。

2 稍微扎左
一些

把编好的头发稍微往左扎上皮筋。
给人以干练简洁感觉的关键。

3 右耳上面的发束
拧股并固定

将右耳上面的发束向左拧成股，盖
住上一步扎皮筋的地方，用发卡固
定。

4 左侧相同，拧股
并用发卡固定

左侧也一样拧成股，在发束重合处
用发卡固定。最后戴上蝴蝶结发卡。

Side   Back

03

从容淡定中流露女性娇艳的姿色

妩媚可爱的每一天

充满纹理的发型不经意让人内心悸动，妩媚又充满魅力♥蓬松且饱含神韵的盈动感，也符合当下最为流行的自然休闲感和可爱的感觉。

1 将刘海9：1 的分开

将刘海与平时的分法相反分开的话，会制造蓬松饱满的发量感。短的刘海用发卡固定。

2 头顶的头发 用手分开

把头顶的头发9：1分开，一边盖住用发卡固定的刘海，一边将头发顺着脸周围一侧流下。

3 把拨到一侧的头发外沿拧成股

把全部头发拨到一侧，然后把外沿的发束从耳后到后脖颈紧紧的拧成股。

4 拧好的发束 用发卡固定

把拧好的发束在后脖颈处固定。让头发顺其自然的往一侧流下，制造一个轮廓。

5 整体涂抹 发蜡

将发束从下往上开始涂抹发蜡，制造出丰盈的波浪卷。

看似简单却饱含女人味

侧披肩发

这是一款把全部头发拨到一侧的简单发型，就好似梳上去一般饱满蓬松的刘海，令人感觉到女性的魅力，无意间也修饰了小脸的效果。

Side　　　Back

82

1 留下脸周围头发，其余扎马尾

除了鬓角前面的头发之外，其余的头发用手大致整理好，然后扎成低马尾。

2 皮筋上面缠上头发

从扎好的发束中取少量头发，在皮筋上面卷几圈并用发卡固定。

鬓角
马尾扎发

想要制造出自然成熟的感觉的关键
在于鬓角头发的布置和卷发棒使用的
小技巧。对于长发来说比起将
后脖颈处留一些碎发，
在耳后更加优雅有魅力。

3 将马尾逆着梳起

将马尾辫的发束用卷发棒稍微卷一下，然后用手指将头发逆着梳起。

4 将两鬓的头发别到耳后

将耳朵附近剩下的发束用发卡别在耳后。发顶抽出一些头发使其蓬松饱满。

Side

Back

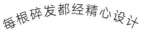

充满韵味的
拧股辫

实际上此款发型仅仅是将头发一圈圈
拧好并用发卡固定。如此简单的发型也能营造
成熟干练的感觉，并充满女性魅力。

1 头发拨向一侧向
前方拧成股

把刘海按8 : 2分开，并将多的
一侧的头发拨向一边，从根部开
始向前方拧成股。

2 按住后脖颈将
拧股往上提

将发束按顺时针的方向往上提。
为了不让后脖颈处的头发松散，
一边提一边按住。

3 将发根
紧紧固定

抓住发尾，用装饰发卡别在根部。
留下脸周围的头发，然后将发尾
沿一侧流下。

Back

1 蓬松
三股辫

把全部头发左右分开，从根部开始
到发尾编成三股辫，用皮筋扎好。
中间分开的缝弄成锯齿形。

Front   **Back**

2 皮筋部分
弯折

将扎皮筋的发尾向内弯折，然后用
发卡将发尾和编好的辫子紧紧固定。

3 将发束
拉向中间

把上一步编好的发束拉向中间用发
卡固定。反侧相同，用发卡固定。

85

纵向盘发，

使你的美人得分急剧上升

1 头顶的头发用
皮筋扎好

首先整理后脑勺上面的头发用皮筋
扎住。为了使发束容易穿过扎松一
点较好。

2 扎好的头发
编鱼骨辫

在皮筋上方开一个小口，将扎好的
发束从中穿过。然后将穿过的发束
往正下方拉。

3 中间的头发也
编鱼骨辫

将上一步的发束和耳后一半的发束
用皮筋扎住，同样在皮筋上方开一
个小口将发束穿过。

4 剩下的头发重复
上述步骤

剩下的发束也同样扎好后将发束穿
过。最后绽开的部分用手指稍微调
整即可。

Side

Back

86

·飘逸的碎发
·性感的后颈曲线
是妩媚又可爱
的关键！

将全部头发整理到一侧的耳朵上方，然后卷成一个小的丸子头。剩余的发尾拨到前面，用发卡固定以防发束浮起。

简单的西式发髻，
营造微妙的女人味

侧扎发型打造
从容淡定的女性姿态

巧用技巧的马尾，
打造蓬松随意的感觉

将全部头发在后脖颈处扎好，然后将扎好的发束用皮筋卷好，发卡固定。从卷好的丸子头和头顶抽出一些发束弄蓬松。

将耳上的头发在后脑勺的部位扎松，然后编鱼骨辫。剩下的头发在后脖颈处扎好，编鱼骨辫。拧成股后抽出一些发束弄松散。

碎发若隐若现，使后颈充满女性荷尔蒙的气息。
将碎发轻轻卷曲，制造出充满神韵的丰盈感是关键。

04

甜美少女的每一天

不仅仅是可爱，无论在哪都充满自然大方的感觉，这款当下最流行的发型得到了男女朋友们的一致好评。充满可爱同时也不显突兀。

Side　　　Back

360度全方位的可爱

独具个性的波波头

将发尾卷到里面，比起用卷发棒来说更能简单的打造出立体感。即使长时间也能坚守住发量的蓬松感♥

1 将头顶的发束逆着梳起

事先戴上发带，抓起头顶的发束，从内侧将发束逆着梳起。

2 将耳前的发束抽出

为了使脸周围显得蓬松饱满，制作出盈动的发束，将耳前的发束抽出，也能打造小脸的效果。

3 拧成股并卷入内侧

将后面的头发分成两半，与上一步的发束重合然后轻轻的拧成股，往内侧卷入，用发卡在后脖颈处固定。

随意营造的粗糙感

个性可爱的双丸子头

随意营造的松散质感也显得十分可爱♥
散落的碎发无需在意，这样的碎发也饱含神韵，
是保持孩童气息的关键。

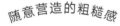

1 将丸子头扎高

将头发大致分两边，分别卷成圆形，然后用皮筋扎成丸子状。

2 将头顶的头发抽出

将头顶的头发抽出一些，调整发量感。不用整的特别整齐，让其显得蓬松粗糙是关键。

3 发尾卷曲

留下碎发，然后少量的留一些发尾，将丸子头的根部卷好后用发卡紧紧固定。

蓬松双马尾

卷曲蓬松有质感的双马尾
充分营造轻松舒适的感觉。不使用皮筋
也能时刻保持蓬松感。

1 从后脖颈处取 细长发束

直发的人先把头发全部卷好之后，
在后脖颈处大致分为左右两半。然
后从后脖颈处取一缕细长的发束。

2 将发束卷 一圈

将头发左右分开之后，将上一步取
出的细长的发束卷一圈，卷一圈卷
到发尾之后用发卡固定。

Side

耳侧别上丝带，尽显女生的甜美

丝带配
侧编三股辫

丝带发饰搭配三股辫发型，打造甜美女生
的学生装扮。将头顶弄的稍高一些，
整体头部造型显得更加美丽。

Front

1 把全部头发编成
三股辫

留下鬓角部分的头发，然后把头
发全部拨到一边，编成宽松的三
股辫。

2 把头顶的头发
弄蓬松

一边用手指将发尾抓住，一边将
头顶的头发抽出，然后用皮筋扎
住发尾。

3 将鬓角
的发束卷曲

用卷发棒夹住鬓角发束的发尾，
一直卷到发束中央，反侧相同。

鱼骨辫风格，颇具发量感的编发

打造少女流行款式

1 后脑勺上面的头发
拧股并发卡固定

头发从中间分开，将后脑勺上面
的头发轻轻拧成股，并用发卡固
定。反侧相同。

2 编松散的
编织辫

拧股之后，紧接着开始编编织辫。
编的松散一些打造出自然的感觉。

3 发尾编成
三股辫

编到没有添加的头发之后，开始
编三股辫，直到发尾编的松散一
些。

4 扎好后弄
松散

编到发尾之后，用皮筋扎紧，用
手指将编织辫弄松散些，最后用
皮筋固定即可。

Side   Back

自然的双马尾丸子头，
装扮出法国女孩的优雅魅力

1 头发分为两束，交叉编

将头发分为两束，然后将耳上的头发再分成两束，并将发束交叉编紧。

2 添加新发

在交叉后的发束下方，再取一束新的头发，填补近处的发束。

3 添加发束并交叉

取束头发，再添加进旁边的头发。直到没有可添加的头发之后，将头发拧成股直到发尾。

4 另一侧同样

另一侧也同样如此。因为是分成两束编，所以对发型初学者来说也应该很容易。

5 在耳下扎成丸子头

将编好的头发卷好，在耳下方卷成丸子头，用发卡固定。然后将头发松散一些营造自然感。

Side　Back

头顶蓬松饱满的丸子头

1 留出头顶头发，其余扎马尾

把头顶的头发按9 : 1的比例分好，把多的一侧的头发留下，其余后面的头发扎成马尾

2 将马尾卷成丸子状

把扎好的马尾绕着皮筋卷成丸子状。抓住头发弄蓬松，更添自然感。

3 剩下的发束卷曲

把图1留下的多的一侧头发沿着丸子头卷一圈，卷出饱满的感觉。

4 调整刘海喷上喷雾

把刘海整理蓬松，喷上定型喷雾。最后别上装饰发卡。

Side　　Back

无需剪发也可以改变发型

通过发型也可以改变形象！改变脸周围头发的律动感再搭配一些流行元素，享受令人喜爱的改变♥

01 非常简单！用刘海造型打造不一样的面容

通过改变刘海造型，也能迅速改变第一印象。
此款发型可以迅速用手打造，推荐给时间较紧张的人。

充满高雅的气息

刘海拧股

1 将刘海9：1分好，制造曲线

将刘海按9：1分好，然后将多的一侧头发用手指制造曲线。拧股之后用发卡在鬓角处固定。

2 在发卡上面别上蝴蝶结

在鬓角处的发卡上面别上蝴蝶结。既可以隐藏发卡，也可增添魅力。

露出额头，打造不一样的感觉

花苞波波头

Side

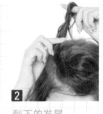

1 向一侧卷成花苞

在一侧把刘海和头顶的头发抓起，然后往一侧拧，然后弄的鼓一些用发卡固定。

2 剩下的发尾卷成圆形

将鼓成花苞的发束发尾部分拧成股并卷成小的丸子状，用发卡固定。

3 最后别上装饰发卡

为了隐藏住发卡部分，用小的装饰品别上即可。

将发尾卷好，变身流行的短发波波头。
会给人一种剪了短发的错觉哟♥

02 波波头发型，让魅力倍增！

1
头发左右分好，
用皮筋扎松

将全部头发大致分为两边，
在肩膀稍下的位置用皮筋
扎好。如此一来有利于向
内卷。

2
将扎好的头发
向内侧卷

将扎好的发束从发尾开始
向内往上卷，卷到靠近根
部即可。

3
卷好的发束用
发卡固定

在双耳下方别上发卡，固
定两束头发。然后将刘海
按9：1分开，在耳上方
别上发卡。

Side

Back

Part.3

上街不显浮夸，恰到好处紧跟发型流行趋势

头饰 & 帽子

" 小小的装饰物也能打造当下最流行的面容，让你轻松取胜！不会显得太过突兀，下面

[发卡的使用]

在名流和时尚界人士之间，发卡发型掀起了一阵热潮。
发卡造型富于变化，可以按自己的喜好自由的设计。

三角形主题
打造流行发型

用金色发卡别出三角形的造型，
发挥出发饰一般的装饰效果！将几根发卡
适当的摆出造型，显得时尚又美丽。

1 将头顶的头发
编鱼骨辫

将鬓角上面的发束半扎之后，
穿过皮筋上面的发束，形成鱼
骨辫。

2 剩下的头发
亦然

将全部头发拨至一侧的耳旁，
并松松地扎好。与上一步相同，
穿过皮筋上面的发束，形成鱼
骨辫。

Side Back

3 在刘海一侧别
上金色发卡

将刘海从中间分开别至耳后，
然后在一侧的刘海部分别上金
色发卡。

×时尚发型的关键

将逐步说明那些能让你看起来美丽动人的小物件使用技巧 "

随意搭配的彩色发卡
打造美丽多姿的发型

简单的马尾辫用发蜡使其蓬松之后，
整理好的短发用彩色发卡随意地摆造型，
显得美丽大方。

1 用发蜡轻轻
涂抹于头发

在脸周围稍微留一些头发，然
后从头发中间用手涂抹一些稍
硬性的发蜡。

2 留下后脖颈碎
发然后扎低

在稍低一点的位置扎上马尾，
打造发尾的盈动感。后脖颈处
的头发留下即可。

Front  Back

3 随意别上
彩色发卡

在自己喜欢的地方别上彩色发
卡。然后将上一步留下的头发
别上去。

[发带]

无论发带的长短，都可以使发型美丽时尚，而且不易散乱♥可以通过像戴头巾一样的方法，可能轻易改变造型。

简单又美丽
三股辫盘头

从后面看，此款发型就像
花朵般美丽！实际上是一款
从发尾戴上发带的花苞头。
将发带换成丝巾，也能
适用于聚会等场合。

1 留出刘海，
戴上发带

取一缕旁边的刘海，然后将剩余
的刘海别至耳后，戴上发带。

2 头发分两部分
从头顶开始编

将头发分为两部分，从头顶开始
编发，编到中间开始编三股辫，
然后将发尾用皮筋扎紧，反侧相
同。

3 将发尾
塞进发带

将发尾塞进发带里面，如果头发
露出，发带有些不牢固时用发卡
固定即可。

Back

轻松自在的感觉
单侧三股辫

卷出蓬松的波浪卷后，在
一侧将头发编成三股辫。
然后搭配上蝴蝶结发带增添
休闲感，还能突出亮点。

1 卷发棒卷好后，
戴上发带

用38mm的卷发棒将全部头发
卷成大卷之后，戴上发带。脸周
围也显得干净清爽。

2 蓬松的
编成三股辫

将头发拨至一侧，然后蓬松的编
成三股辫。但过度拉扯会使发带
掉落，要多加注意。

3 一点点将
发束松散些

抓住发尾然后将三股辫松散一些，
使头顶和发带周围的头发蓬松一
些增加发量感。

Side

Back

[针织帽]

日常休闲的针织帽与甜美的发型是绝配。
将头发扎在两侧显得清爽美丽。

给每个人都留下
甜美印象的双马尾

休闲的服装搭配甜美的双马尾，给人
天真活泼的感觉。选择时尚的针织帽浅浅的戴上
也是当下最流行的装扮！

1 用32mm的
卷发棒卷成大卷

从头发中间开始向着发尾，将头
发表面卷成MIX卷，适当即可。

2 戴上针织帽，
扎双马尾

浅浅的戴上针织帽后，然后再帽
子下面扎上双马尾。不要扎的太
紧即可。

Side

3 喷上
定型喷雾

将扎皮筋处的头发少量的抽出，
喷上定型喷雾，并将卷发弄蓬松。

[绅士帽]

若搭配当下流行的绅士帽，为了不遮挡脸部，使脸周围清爽干净
是此款发型的重点，留下一些碎发，更添一丝神韵。

Side

清秀干净的
短发波波头

用流行的绅士帽打造名流的感觉。及肩的头发将
发尾卷入里面，后脖颈处显得干净又清爽！

1 发尾
扎上皮筋

刘海拨向一侧后用发卡
固定。然后把全部头发
在靠近发尾的地方松松
地扎住。

2 抓住皮筋，
将发尾往里折

将发尾往后脖颈里面弯
折，整体卷成一个圆形。

3 将发卡
插入固定

将发卡插入扎皮筋的地
方将其固定。使用数根
使其牢牢的固定住。

早晨忙碌之时，
打造帽子×侧编股辫发型

早晨睡醒头发炸毛的话，只要有了帽子，
即使时间紧张的早晨也可以从容不迫。将头皮拨至
一边拧成股，用皮筋扎好，即使没有镜子也无妨。

Side

Back

1 头发分两束
拧成股

将头发在耳后两等分，
将两束头发按同一方向
拧成股。用手卷绕一边
拧股，非常简单！

2 拧好的发束
交叉

紧紧的将两束头发交叉
直到发尾，用皮筋扎紧。
推荐使用透明皮筋不易
脱落。

3 将发束表面
抽出弄蓬松

用手指轻轻的将发束表
面抽出弄蓬松。按照从
根部到发尾的顺序一点
点松散。

轻松感的 黑发设计

黑发容易显得沉重,所以打造出立体感是关键!下面将介绍黑发专属的发型。

Black hair

Point

用直径稍粗的卷发棒
将内外大致卷成MIX卷

选取32mm~38mm直径的卷发棒最合适。逐次少量取头发,将头发卷的细一些可制造蓬松饱满的感觉。最后为了让整体头发看上去不结块,喷上定型喷雾,然后将发束左右整理好。

Front

通过不对称打造慵懒的表情

侧拧股披肩发

一侧头发露出耳朵,通过左右的不对称打造自然舒适的感觉,给人以女性魅力的印象。刘海蓬松饱满具有立体感,是使黑发柔和甜美的关键。

1
卷发筒
将刘海卷曲

用卷发筒将刘海向内卷。刘海的卷容易变形,所以用细一点卷发筒较好。

2
涂抹
发蜡

数分钟后取下卷发筒,将全部头发卷成混合卷,在手心涂抹上软性发蜡,涂抹于头发。

3
一侧的头发
别在耳后

将两侧的头发都别在耳后的话,容易给人幼稚的感觉,将耳边的头发轻轻拧成股后别在耳后。

4
用发卡
固定

用装饰性发卡固定发束。尽量将发卡别在根部这样不易脱落。别上珍珠发卡也适用于聚会场合。

 Side Back

清爽整洁的盘发给人留下好印象

淑女发髻

扎低的发髻给人以沉稳安静的感觉。
侧边将头发拧成股，营造恰如其分的
舒适自然，美丽大方的感觉！

1 两侧的头发
交叉编

将一侧的头发分为两束
并交叉。从脸周围拿一
束头发与旁边的发束汇
合，重复交叉。

2 在后脖颈处
扎成马尾

将上一步的发束和除此
以外所有的头发在后脖
颈处扎成马尾。扎低一
些显得高雅。

3 扎好的头发
编三股辫

将上一步扎好的马尾辫
三股辫直到发梢，用皮
筋扎住。不编的太紧，
松散一点即可。

4 将三股辫卷成
丸子状

在后脖颈处将三股辫卷
成丸子状并用发卡固定。
编好之后整理好，既不
易松散，也给人精心设
计的感觉。

蓬松饱满的质感打造轻松感

蓬松丸子头

快速整理的松散感也显得无比的时尚美丽。
将头发逆着梳起即使比较紧凑
也能打造蓬松的质感。

 Side Back

1 留下脸周围的头
发，其余扎马尾

将全部头发卷成混合卷
后，用手大致整理一下
将头发扎成马尾。

2 头发逆着梳起
增加发量感

将扎好的头发逆着梳起。
用手即可不用梳子，更
能打造自然的感觉。

3 发束拧成
丸子状

将发束轻轻的拧成股，
用皮筋扎住并用发卡固
定。用发卡挑起发尾，
并插入马尾辫的根部。

4 抽出些发束
弄蓬松

从丸子头中抽出一些头
发使其蓬松。直发和自
然卷的头发容易散乱，
可用定型喷雾固定。

103

Part.4 自己也可以完成的 美丽

Side

Back

立体感的卷发更加光鲜美丽！

洋娃娃般披肩发

只需用卷发棒大卷，就能营造时尚的宴会感。再搭配高雅的珍珠头饰，比平时的波波头更加美丽动人。

1 内侧的发尾卷内扣

将头发从中间分层，下面头发的发尾用卷发棒平着圈，卷一个内扣。

2 上层的头发从中间开始卷

上面的头发从中间开始到发尾平着向内卷，卷出波浪增加适当的发量感。

3 刘海卷曲显得美丽

将刘海也向内卷一个内扣，最后将一侧的头发别在耳后，别上发卡。

考究的发型

不用较难的发型技巧也显得清爽又可爱。下面将介绍别出心裁的发型。无论是聚会还是严肃的场合，此款高雅且瞩目的发型，一定让你成为全场的焦点！

三股辫

古典风盘发

此款发型无需麻烦的基础卷，将垂肩辫用发卡固定，即可完成低重心的高雅盘发。再搭配蝴蝶结发带更使面容华美可爱。

Side

Back

1 头发分两束
编三股辫

将所有头发大致分为两束，分别编成三股辫直到发尾，用皮筋扎紧。

2 将两束头发
交叉

将编好的三股辫从中间交叉，发束较长的情况时，多交叉几次直到发尾。

3 扎紧发尾
用发卡固定

交叉后将变短的发尾往内侧扣，并用发卡固定。最后戴上蝴蝶结发带。

大号发卡令人瞩目！

少女半扎发

通过变形版的半扎头与拧好的发束重叠的
此款发型，非常简单但设计感被持！
用大号的蝴蝶结别在后面更添可爱。

1 将耳上的头发
半扎

取耳朵上面大概三分之二的头发，
从中间起稍微往左靠一些的位置，
用皮筋扎住。

2 右耳□□□
□□头□

将右侧的耳朵上面剩下的头发分为
上下两束，分别冲着扎皮筋的方向
拧成股，用发卡固定。

3 别上
蝴蝶结

用蝴蝶结别在扎皮筋的地方和拧股
的地方即可。

Front　　　　Back

颈部曲线尽显纤细优雅

拧股侧披发

将全部头发蓬松地卷好是此款发型最大的亮点。
一边保留当下最流行的轻松自然的感觉，将头发
拨至一侧还能营造女性妩媚感和特殊的感觉。

1 将后脖颈处的头发
向内侧拧成股

将全部头发卷成混合卷后，沿着内
侧拧成股后，把头发拨至左边。

2 在后脖颈处
别上发卡

用2~3根发卡别在后脖颈处的头发
上固定，以防松散。

3 抽出一些发束
使其蓬松

轻轻的抽出头顶和后脑勺的头发，
使其蓬松饱满。右侧插上装饰物。

Front

Back

露额头的
拧股丸子头

露出清爽的额头，将前额头发弄得蓬松饱满，
制造出发量感，打造完美的小脸效果。搭配细的
蝴蝶结发卡，突显高雅品位和可爱的感觉。

Side　Back

1 将刘海整体
弄蓬松

首先戴上发卡，然后把发卡往前推，
使前额显得蓬松饱满。

2 将头发拧成股
扎在后面

将全部头发整理到后面，紧紧的拧
成股并用皮筋扎紧。

3 卷成
丸子状

稍微留一些发尾，然后绕着皮筋卷
成丸子头，用发卡固定。绽开发尾
整理整体造型。

打造清爽的表情

温柔半扎发

搭配皮毛大衣，半扎头调节发量使后颈曲线
清晰可见。然后将头顶的头发整理的高一些，
打造雍容的华丽感。

1 将头顶
弄蓬松

留下两侧的碎发，然后大致整理头
顶的头发，轻轻的拧股并往上推，
用发卡固定住。

2 将头顶下面的头
发拧成股并固定

从下面再取一些头发，轻轻地拧成
股，与图1拧股的发束重合，用发
卡固定，反侧相同。

3 将下面的头
发同样用发卡固定

同样在下面再取一些头发，轻轻的
拧成股，用发卡固定。整体头型也
会显得好看。

Side　　Back

低编丸子头

脸周围飘逸的碎发和鱼骨辫，
打造当下最为流行的蓬松感。编
好的丸子头还不易松散。

Front

Back

1 从耳上开始
编鱼骨辫

拿起耳上的头发，从后面开始编鱼
骨辫。通过大一点的辫子，打造背
影的存在感。

2 编到发尾，
使其蓬松

一直编到发尾之后用皮筋扎住。然
后从辫子中抽出一些发束，打造蓬
松的韵味感。

3 弯折发尾扎上
皮筋

将发尾向内弯折，然后用装饰皮筋
扎好。

蓬松侧扎丸子头

侧面头发增添一些亮点，从正面看也给人
华丽可爱的感觉。再搭配低调的金色发饰，
给人的感觉非常好。

Side　　　Back

1 上下分层，
编成三股辫

将头发上下分开，分别在左边用皮
筋扎住，然后编成三股辫直到发尾，
用皮筋扎紧。

2 将下面的三股辫
卷成圈固定

将下面的三股辫绕着上面的三股辫
卷成圈，用发卡牢牢固定。

3 将上面的
三股辫也卷成圈

将上面的三股辫绕着上一步的三股
辫卷成圈，并用发卡固定。最后戴
上装饰发卡，别在一侧。

发带发型

宽发带是清爽简单的发型的亮点。
只需用发带缠绕于后脖颈处的头发上。
用手打造的发型也非常简单。

Side **Back**

1 留下两鬓
碎发，并扎低

稍微留一点两侧的碎发，然后把整
体头发扎低一些，扎低显得成熟大
方。

2 卷上
发带

将里面带有铁丝的发带中心对准
斜上方卷一圈，稍微往最一些较好。

3 将发束
卷入发带中

将头发分为两束，分别卷入发带
中。卷好之后将发尾别在发带里面。

进化版半扎发

半扎的拧股搭配绽开质感的卷发，
打造轻松优雅的风格。高出的发顶和蓬松的卷发
显得整体造型有张有弛。

1 一侧的头发
拧紧股

将头顶的头发从中间分开，然后将
一侧的头发用手指拧成股，稍微拧
紧即可。

2 拧紧的发束稍微
抽出松散一些

将拧好的头发抽出并整理松散，然
后用细小的皮筋扎住，另一侧相同。

3 拧好的发束卷成
丸子状并固定

将图2的发束分别在后脑勺卷成丸
子状，用发卡固定。最后别上蝴蝶
结。

Side　　Back

丰盈的盘发
适合恰当的场合

1 将头发上下分层，用皮筋扎好

留下脸周围的发束，将头发上下分为两层，上层扎在中间，下层扎在稍微靠右一点的位置。

2 上层头发拧成股并弄得松散些

将上层头发分为两束，将左侧的头发拧成股。然后抓住头发并抽出一些发束使其松散一些。

3 拧好的发束绕着根部一圈

将拧好的头发围着皮筋处绕圈，然后将上层另一束发束拧成股并沿着反方向绕圈，最后用发卡固定。

4 下层头发拧成股用发卡固定

将下层的头发轻轻拧成股，围着皮筋处绕圈，用发卡固定。分别用发卡插入3~4个部位。

5 抓住发束使其松散开

抓住发束使松散些，制造发量感。最后戴上发卡，更添一抹甜美的气息。

Side   Back

Side　Back

清爽的额头，
倍增女性魅力

1 将刘海全部梳起，
戴上发卡

将刘海全部梳起后露出额头，并戴上发卡，然后将后脑勺上面的头发向左拧成股，用发卡固定。

2 将左耳上面的头发
拧成股，用发卡固定

拿起左耳上面的头发，向右拧成股，然后再一侧用发卡牢牢固定。

3 将刘海往前抽出，
使其饱满蓬松

将刘海轻轻的抽出，制造一丝松散感。抽出发束使额头整体变高，也能修饰小脸的效果。

蓬松有致的造型
打造成熟的气息

Side Back

1 编三股辫，发尾
留多

将全部头发拨至右边，松松地编成三股
辫。发尾留多一些，不用皮筋扎留在下
一步。

2 发尾向内弯折，
用发卡固定

将发尾按"く"的形状向内弯折，然后
留下一些碎发，用发卡固定。将碎发散
落于后脖颈处，打造自然的感觉。

3 整理头顶，使其
蓬松

用手将头顶的头发抓起使其蓬松饱满，
打造松散感。

简单典雅！

淑女风侧扎头

Side　　　Back

1 将头发上下分层，下层头发拧成股

将头发按耳朵的位置分为上下两层，下层头发向内拧成股，并向右拉用发卡固定。

2 上层的头发拧成股，用发卡固定

将上层的头发在中间拧成股用发卡固定。用2~3根发卡牢牢固定即可。

3 抽出发束使其蓬松

将拉至右侧的发束拆散一些，使其蓬松。最后戴上发卡即可。

Side　　Back

増加的头顶发量感
使美丽倍增

1 后脑勺上面的头发拧
　　成股，用发卡固定

将短发分为两层，半扎，然后将后脑勺
上面的头发拧成股，往上推并用发卡固
定。

2 下层的头发同样拧成
　　股，用发卡固定

将下层的头发拧成股，用发卡固定。反
侧相同。最后将刘海梳至一边，戴上发
卡。

Side　　Back

典雅的侧扎马尾，
聚餐场合最为合适 ♥

1 后脑勺上面的头发
拧成股，作为基础

将后脑勺上面的头发拧成股，用发
卡固定，作为整个造型的基础。

2 耳上的头发交叉
编，用发卡固定

取耳上的头发，分为两束，一边添
加头发一边交叉，然后用发卡固定。

3 另一侧
相同

另一侧相同，交叉编然后用发卡固
定。然后将剩余的后脖颈处的头发
扎起来。

4 抽出发束
使其蓬松

抽出一些交叉的发束，使其松散些，
打造蓬松的感觉。最后在扎皮筋的
地方戴上水晶发卡。

图书在版编目（CIP）数据

百变物语：三分钟快手卷发+编发100例 / 日本主妇
之友社编著；温欣译. -- 北京：人民邮电出版社，
2017.2
　ISBN 978-7-115-44227-7

Ⅰ. ①百… Ⅱ. ①日… ②温… Ⅲ. ①发型—造型设
计—基本知识 Ⅳ. ①TS974.21

中国版本图书馆CIP数据核字(2016)第290215号

内 容 提 要

　　想时常改变发型但又无从下手？想拍出美照但又不会编发？着急出门但又不想蓬头垢面？本书从最基础的卷发棒练习教起，让你在轻松掌握卷发棒和直发棒的多种基础造型之后，学习如何熟练应用鱼骨辫、编股、编结、丸子头的基本技法和变化样式。最后，书中还手把手教你如何打造多款百搭发型，如何根据不同场合设计发型，以及如何应用帽子和发饰编出简单有好看的发型。

　　本书适合白领、学生、造型师等阅读。

◆　编　　著　[日]主妇之友社

　　译　　　　温 欣

　　责任编辑　李天骄

　　责任印制　周昇亮

◆　人民邮电出版社出版发行　　北京市丰台区成寿寺路 11 号

　　邮编　100164　电子邮件　315@ptpress.com.cn

　　网址　http://www.ptpress.com.cn

　　北京顺诚彩色印刷有限公司印刷

◆　开本：787×1092　1/20

　　印张：6　　　　　　　　　2017 年 2 月第 1 版

　　字数：147 千字　　　　　2017 年 2 月北京第 1 次印刷

　　著作权合同登记号　图字：01-2016-5847 号

定价：49.80 元

读者服务热线：(010)81055296　印装质量热线：(010)81055316

反盗版热线：(010)81055315

广告经营许可证：京东工商广字第 8052 号